Bibliografische Information der Deutschen Nationalbibliothek:

Die Deutsche Bibliothek verzeichnet diese Publikation in der Deutschen Nationalbibliografie; detaillierte bibliografische Daten sind im Internet über http://dnb.d-nb.de/ abrufbar.

Impressum:

Druck und Bindung: Books on Demand GmbH, Norderstedt Germany
ISBN: 9783668603622

Laura Gomboc

Die Auswirkungen von Süßstoffen auf die menschliche Gesundheit. Gewichtsreduktion bis hin zur Entstehung von Krankheiten

GRIN Verlag

Die Auswirkungen von Süßstoffen auf die menschliche Gesundheit

Seminararbeit

Lehramt Sekundarstufe
Studienfach Ernährung und Haushalt
Wissenschaftlich Schreiben und Präsentieren

Laura Gomboc

Pädagogische Hochschule Oberösterreich

Linz, am 16.11.2017

Inhalt

1. Einleitung ... 3
2. Übersicht über die gängigsten Süßstoffe ... 4
2.1 Acesulfam K ... 5
2.2 Aspartam ... 5
2.3 Cyclamat ... 5
2.4 Saccharin ... 5
2.5 Sucralose ... 6
2.6 Steviosid ... 6
2.7 Fructose ... 6
3. Einsatzgebiete und Konsum von Süßstoffen ... 7
4. Auswirkungen auf die Gesundheit ... 8
4.1 Akute Auswirkungen ... 8
4.1.1 Insulinwirksamkeit der Süßstoffe ... 9
4.1.2 Heißhungerattacken ... 10
4.2 Entstehung von Krankheiten ... 11
4.2.1 Süßstoffe und Krebs ... 11
4.2.2 Süßstoffe und Diabetes ... 12
4.3 Süßstoffe und Übergewicht ... 12
4.4 Positive Aspekte der Süßstoffe ... 13
5. Kontroversen ... 14
6. Zusammenfassung ... 16
Literaturverzeichnis ... 18

1. Einleitung

Das Gesundheitsbewusstsein der Menschen ist in den letzten Jahren gefühlt stark angestiegen – viele möchten gesund, vital und fit sein und sich bewusst ernähren. So wuchs der Wunsch, Süßes genießen zu können, ohne Reue und ohne Folgen für die Figur, wie sie durch Zucker entstehen. Während Stevia, Aspartam und ähnliche Süßstoffe vor einigen Jahrzehnten noch gänzlich unbekannt waren, sind sie heute in vielen Produkten und als pure Einzelzutat erhältlich. Die Süßstoffe versprechen den schädlichen Zucker geschmacksgleich und auf gesunde Art und Weise zu ersetzen. Die Auswahl an „Zero"-Getränken und „Light"-Produkten ist stark am Wachsen, sodass im Supermarkt inzwischen sogar zuckerfreie Kekse und Marmeladen zu finden sind.

Durch das Versprechen, süße Speisen, Limonaden und Desserts ohne einer Gewichtszunahme genießen zu können, werden die Konsumenten dazu motiviert, Produkte mit Süßstoffen zu kaufen oder den puren Süßstoff in den Kuchenteig, den Kaffee oder Tee zu geben.

Geleitet von meinem persönlichen Interesse habe ich schon mehrere Bücher zu diesem Thema gelesen und mich vielseitig zu den Süßstoffen informiert. Da ich einen eher negativen Eindruck von diesen Substanzen habe, habe ich folgende Forschungsfrage für meine Seminararbeit im Proseminar „Wissenschaftlich Schreiben und Präsentieren" unter der Leitung von Dr. MMag. Thomas Zwicker an der PH OÖ gewählt:

Welche Auswirkungen hat der Verzehr von Süßstoffen auf die menschliche Gesundheit?

Zur Bearbeitung dieser Forschungsfrage habe ich verschiedene literarische Quellen zu Rate gezogen. Einen besonderen Fokus möchte ich auf Studien zu den Auswirkungen von Süßstoffen legen, da viele Studien je nach Sponsor oder Ausführungsweise in eine bestimmte Ergebnisrichtung geleitet werden können. Vor dem Hauptteil, der zum größten Teil eine Literaturarbeit über die Auswirkungen ist, möchte ich einen Überblick über die in Österreich gängigsten Süßstoffe und deren Einsatzgebiete geben.

2. Übersicht über die gängigsten Süßstoffe

Um einem Produkt Süße zu verleihen gibt es inzwischen viele Möglichkeiten abgesehen von dem klassischen Haushaltszucker (auch Saccharose genannt). Auch Fructose, eine natürlich vorkommende Zuckerart, die insulinunabhängig verstoffwechselt wird und eine etwas höhere Süßkraft als Saccharose besitzt, wird in der Nahrungsmittelindustrie immer häufiger eingesetzt. Außerdem existieren Zuckeraustauschstoffe, die Zuckeralkohole genannt werden, die ebenfalls insulinunabhängig sind und eine geringe Süßkraft als Haushaltszucker besitzen. Dazu zählen zum Beispiel Sorbit, Mannit, Maltit, Xylit und Erythrit (vgl. Gründig & Juffa, 2010, S. 838).

Die synthetisch hergestellten Süßstoffe können in zwei Generationen unterteilt werden. Zu den Süßstoffen der 1. Generation gehören Saccharin, Aspartam und Cyclamat, die in den Supermärkten stark verbreitet sind. Zu den Süßstoffen der 2. Generation zählen Acesulfam-K, Sucralose, Neotam und Alitam, wobei letzterer in der EU nicht zugelassen wurde (vgl. Müller & Schwarz, 2010, S. 2).

Manche Süßstoffe sind kalorienlos, da sie vom Körper nicht verwertet werden können. Andere können verarbeitet werden und enthalten daher Kalorien. Jedoch haben Süßstoffe eine viel höhere Süßkraft als herkömmlicher Haushaltszucker, weswegen die Kalorien dieser geringen benötigten Mengen kaum ins Gewicht fallen. Trotz der kleinen Einsatzmenge kommt es bei einigen Süßstoffen zu einem bitteren Nachgeschmack, der sehr intensiv und störend sein kann. Durch die geschickte Kombination bestimmter Süßstoffe wird dieser Bittergeschmack jedoch gehemmt, weswegen Süßstoffe sehr oft miteinander eingesetzt werden (vgl. ebd., S. 2).

Der sogenannte ADI-Wert (ADI = Acceptable Daily Intake), der für alle Süßstoffe gesetzlich festgelegt werden muss, gibt diejenige Menge an, die ohne Probleme und negative Konsequenzen von diesem Stoff konsumiert werden kann.

In der Europäischen Union sind derzeit elf Süßstoffe im Lebensmittelrecht aufgenommen: Acesulfam-K, Advantam, Aspartam, Aspartam-Acesulfam-Salz, Cyclamat, Neohesperidin DC, Neotam, Saccharin, Steviolglycoside (Steviosid; Stevia), Sucralose und Thaumatin (vgl. Deutscher Süssstoffverband, o.J.). Die bekanntesten werden im Folgenden kurz beschrieben.

2.1 Acesulfam K

Acesulfam-K, das auch als E950 bezeichnet werden darf, ist eine chemische Verbindung aus Kohlenstoff, Wasserstoff, Sauerstoff, Stickstoff, Schwefel und Natrium. Es besitzt die 200-fache Süßkraft von Saccharose, jedoch tritt nach dem süßen Geschmack ein verzögerter aber sehr intensiver bitterer Nachgeschmack auf. Der ADI-Wert beträgt 0,9 mg/kg Körpergewicht. Acesulfam-K wird vom Körper nicht verwertet und hat daher keine Kalorien, weswegen es in vielen zucker- und energiereduzierten Lebensmitteln und Getränken verwendet wird (vgl. Müller & Schwarz, 2010, S. 11).

2.2 Aspartam

Der Süßstoff Aspartam, der auch als E951 auf dem Produktetikett erscheinen kann, wirkt 200mal so süß wie Saccharose. Der Körper zersetzt Aspartam in seine Bestandteile und setzt dabei 4 Kalorien pro Gramm frei. Bei längerer Lagerung, bei großer Hitze oder bei dem Kontakt mit Säuren verliert Aspartam an Süßkraft, weswegen es nicht zum Backen geeignet ist. In Kombination mit anderen Süßstoffen wirkt es nicht nur süß sondern auch geschmacksverstärkend, weswegen es zum Beispiel auch in Kaugummis als zahnschonende Zutat enthalten ist. Auch zuckerfreie Getränke, Konserven, und Süßwaren können Aspartam enthalten (vgl. ebd., S. 12ff).

2.3 Cyclamat

Cyclamat (E952) besitzt die 30-fache Süßkraft von Saccharose und ist chemisch sehr stabil, gut löslich und kalorienlos. Nachdem bei Untersuchungen im Jahr 1970 wurde durch den Verzehr von Cyclamat eine höhere Krebsrate bei Ratten festgestellt wurde, wurde der Stoff in den USA und in Großbritannien verboten. Der ADI-Wert wurde von 11 mg/kg Körpergewicht auf 0-7 mg/kg Körpergewicht reduziert. Für Eis und Kaugummis ist Cyclamat verboten, aber andere Lebensmittel, Nahrungsergänzungsmittel, Kosmetikprodukte und Arzneimittel dürfen Cyclamat enthalten (vgl. ebd., S. 15f).

2.4 Saccharin

Der bereits 1878 entdeckte Süßstoff Saccharin (E954) besitzt etwa die 500-fache Süßkraft von Saccharose. Es findet Gebrauch in vielen Lebensmitteln, Nahrungsergänzungsmitteln, Kosmetika, Arzneimittel und Futtermittel. 1977 wurde Saccharin von der FDA (Food and Drug Administration) auf die Liste krebserregender Stoffe gesetzt. Außerdem mussten Produkte mit der Zutat Saccharin in den USA mit einem entsprechenden Warnhinweis versehen werden, bis im Jahr 2000 neue Studien die gesteigerte Krebsgefahr widerlegten. Der nun gültige ADI-Wert liegt bei 0-5 mg/kg Körpergewicht (vgl. ebd., S. 19).

2.5 Sucralose

Sucralose, das auch als E955 in Umlauf ist, besitzt die 600-fache Süßkraft von Saccharose, mit dem es chemisch betrachtet auch eng verwandt ist. Da es für den menschlichen Körper nicht verwertbar ist, liefert es keine Energie. Ein Vorteil von Sucralose ist, dass kein bitterer Nachgeschmack auftritt. Seit 2005 ist Sucralose in der EU mit einem ADI-Wert von 0-15 mg/kg Körpergewicht zugelassen (vgl. ebd., S. 21).

2.6 Steviosid

Der Begriff „Stevia“ ist eigentlich der Markenname von Steviosid (E960). Es taucht es im Supermarkt in den letzten Jahren immer häufiger als Zuckeralternative auf, weswegen es hier erwähnt wird. Die Steviapflanze ist eine mehrjährige, wärmeliebende und krautartige Pflanze, dessen Extrakt ein natürlicher Süßstoff ist, der antimikrobiell und antifungal wirkt, was bedeutet, dass er Bakterien und Pilze bekämpft. Der Eigengeschmack von Stevia ist nur mäßig süß, weswegen es oft mit anderen Süßstoffen und mit herkömmlichem Zucker kombiniert eingesetzt wird. Für Stevia, das die 300-fache Süßkraft von Saccharose besitzt, wurde ein ADI-Wert von 0-4 mg/kg Körpergewicht festgelegt (vgl. ebd., S. 20). Für diesen relativ neuen Süßstoff sind noch keine Langzeitstudien bekannt.

2.7 Fructose

Fructose gehört zwar nicht zu den Süßstoffen, jedoch wird es auch zum Teil chemisch hergestellt und Nahrungsmitteln beigesetzt. Fructose ist einerseits ein natürlicher Süßstoff, die in Obst enthalten ist und zwar nicht in Übermengen konsumiert werden sollte, jedoch laut aktueller wissenschaftlicher Lage kein gesundheitliches Risiko mit sich bringt. Mit einer Süßkraft, die um etwa 20% höher ist als die von Zucker, kann Fructose in geringeren Mengen eingesetzt werden.

Problematisch scheint jedoch die künstliche Fructose sein, die oft eingesetzt wird, da Fructose im Gegensatz zu herkömmlichem Zucker und synthetischen Süßstoffen einen einigermaßen guten Ruf bewahren konnte. Jedoch werfen Tierversuche den Verdacht auf, künstliche Fructose könnte zur Verfettung führen.

Bei einem Versuch mit Mäusen nahm die Gruppe, die mit Fruktose gefüttert wurden fast doppelt so viel zu wie jene, die mit Rohrzucker gefüttert wurden (vgl. Grimm, 2015, S. 101)

Fruktose drosselt zudem den Ausstoß des Hormons Leptin, das für das Sättigungsgefühl nach dem Essen verantwortlich ist (vgl. ebd., S. 162). Wer ein vermindertes Sättigungsgefühl verspürt, neigt dazu mehr zu essen und infolgedessen zuzunehmen.

Fruchtzucker hat einen negativen Einfluss auf die hormonelle Gewichtsregulierung und laut Vermutungen kann sie zu hohen Leber- und Blutfettwerten führen (vgl. Dommel, Hollen, & Ritgen, 2011).

3. Einsatzgebiete und Konsum von Süßstoffen

Da kaum offizielle Zahlen über den Konsum und den Einsatz sowie Verkauf von Süßstoffen zu finden sind, ist es schwierig die Entwicklung des Süßstoffverbrauchs in den vergangenen Jahren objektiv festzustellen. Jedoch erkennt man beim regelmäßigen Gang in den Supermarkt, dass immer mehr Produkte, die mit Süßstoffen aller Art produziert wurden, erhältlich sind. Besonders auffällig ist, dass immer mehr Getränke wie Limonaden und Softdrinks nun auch in einer „light“-Variante ohne Zucker in den Supermarktregalen stehen. Diese kalorienreduzierten Getränke liegen scheinbar im Trend: von 2009 auf 2010 nahm der Absatz von Light-Limonade um ein Drittel zu (vgl. ebd.).

Auch einige Fruchtjoghurts, Marmeladen, süße Milchgetränke, Teegetränke, Saucen, Kaugummis und manche Süßigkeiten oder Desserts sowie diverse Fertigprodukte werden statt mit Zucker immer häufiger mit Süßstoffen oder sogar mit beidem gleichzeitig hergestellt. Außerdem gibt es schon ein großes Angebot an reinen Süßstoffen, die man selbstständig beispielsweise zum Backen verwenden kann.

Aus einer Statistik von Statistik Austria kann man herauslesen, dass der Zuckerkonsum in den letzten Jahren zurückgegangen ist. Während 2010/2011 der Zuckerverbrauch pro Kopf bei 37,1 Kilogramm lag, hat sich dieser bis 2015/2016 auf 33,2 Kilogramm pro Kopf reduziert (vgl. STATISTIK AUSTRIA, 2017). Diese Entwicklung könnte durch einen Anstieg des Süßstoffkonsums entstanden sein, jedoch lässt sich diese Vermutung wegen mangelnder Statistiken nicht bestätigen.

Manche Süßstoffe werden nicht absichtlich konsumiert: so sind sie beispielsweise in Nahrungsergänzungsmitteln wie Vitaminbrausetabletten sowie in Kosmetika und Arzneimitteln enthalten. Auch in der Lebensmittelindustrie werden nicht alle Süßstoffe bewusst konsumiert: manche Konserven, Fertiggerichte sowie Desserts weisen Süßstoffe in ihren Zutatenlisten auf, wobei diese oft als billige geschmacksverstärkende Ergänzung zum ohnehin verwendeten Zucker eingesetzt werden.

Bewusst konsumiert werden jedoch sogenannte „light"-Produkte, kalorienreduzierte oder zuckerreduzierte Lebensmittel oder andere Produkte, die als „diättaugliche" Alternative angepriesen werden und statt energiereichem Zucker kalorienlose oder beinahe kalorienlose Süßstoffe enthalten. Auch der Einsatz von reinen Süßstoffen als Zuckerersatz scheint immer häufiger zu werden, sodass in vielen Cafés nicht nur ein Zuckerpäckchen sondern auch eine Süßstoff-Alternative zum Kaffee gereicht werden.

4. Auswirkungen auf die Gesundheit

Kalorien- oder zuckerreduzierte Produkte mit Süßstoffen werden häufig konsumiert, weil sich die Menschen davon eine Gewichtsabnahme oder einen gesundheitlichen Nutzen erwarten. Da sie eine wesentlich geringere Energiedichte als Zucker haben und der Zucker nachweislich mit diversen Erkrankungen in Verbindung gebracht werden kann. Die Konsumentinnen und Konsumenten erwarten positive Auswirkungen der Süßstoffe auf ihre Körper. Inzwischen existieren Studien, die jedoch genau gegenteilige Effekte vermuten lassen.

4.1 Akute Auswirkungen

Unter den akuten Auswirkungen versteht die Verfasserin kurzfristige Folgen des Süßstoffkonsums, die bereits nach einmaliger Einnahme auftreten können und nach einer gewissen Dauer wieder abklingen. Sie stellen das Gegenteil von langfristigen Auswirkungen dar, die durch eine längere Zeitperiode von regelmäßigem Süßstoffkonsum auftreten, wie beispielsweise die Entstehung von Krankheiten und Übergewicht.

Diverse Fluglinien und Luftfahrtmagazine warnen Pilotinnen und Piloten vor dem Konsum von Aspartam, da es in den letzten Jahren vermehrt zu negativen Zwischenfällen gekommen ist: mehr als 600 Flugzeuglenkerinnen und -lenker berichteten über eine Hotline von Schwindelanfällen im Cockpit nach dem Konsum aspartamhaltiger Lebensmittel. Dieser Umstand kann nicht nur sie selbst, sondern auch ihre Passagiere in eventuell lebensgefährliche Situationen bringen, weswegen Piloten geraten wird, auf Aspartam zu verzichten (vgl. Grimm, 2013, S. 38).

Auf Produkten, die Aspartam enthalten, muss stets der Hinweis „Enthält eine Phenylalaninquelle" angegeben werden. Für Personen mit einer Phenylketonurie kann die in Aspartam enthaltene Aminosäure Phenylalanin nicht abgebaut werden, was mentale und körperliche Schäden bewirkt. Besonders im Kindesalter kann dies zu lebenslänglichen starken körperlichen und geistigen Behinderungen und Fehlentwicklungen führen (vgl. Müller & Schwarz, 2010, S. 12ff).

4.1.1 Insulinwirksamkeit der Süßstoffe

Insulin ist ein Hormon im menschlichen Körper, das in einem gewissen Maß unbedingt benötigt wird aber im Überschuss negative Folgen für die Gesundheit hat. Die Hauptaufgabe von Insulin ist die Senkung des Blutzuckerspiegels, der nach dem Essen ansteigt, sowie der Aufbau von Körpersubstanz, weswegen es auch als Masthormon bezeichnet wird. Gleichzeitig ist es ein Wachstumshormon, das die Zellen wachsen lässt – so wachsen jedoch nicht nur die Fettdepots und die Muskulatur sondern auch die Krebszellen (vgl. Grimm, 2015, S. 68). Ein hoher Insulinspiegel ist also nicht nur für Fetteinlagerung und somit für Übergewicht verantwortlich sondern stellt gleichzeitig den direkten Zusammenhang zwischen Übergewicht und Krebs dar.

Ein ständig hoher Insulinspiegel, wie er unter anderem bei Diabetikerinnen und Diabetikern vorkommt, kann daher sehr gesundheitsschädlich sein. Diabeteskranke, deren Insulinmenge nicht für die Regulierung des Blutzuckerspiegels ausreicht, müssen sich noch mehr Insulin spritzen – dieser extrem überhöhte Insulinspiegel senkt zwar den Blutzuckerspiegel, was Herz-Kreislauf-Erkrankungen entgegenwirkt, sorgt aber auch für eine Gewichtszunahme und höhere Krebsgefahr (vgl. ebd., S. 102f).

Eine weitere negative Auswirkung des Insulins ist das erhöhte Risiko von Unfruchtbarkeit. Bei Frauen regt Insulin die Testosteronbildung in den Eierstöcken an, was dazu führt, dass befruchtungsunfähige Eier heranreifen (Polyzystisches

Ovarialsyndrom). Bei Männern bewirkt Insulin einen niedrigeren Testosteronspiegel (vgl. ebd., S. 131).

Solange der Insulinspiegel hoch ist, wird außerdem der Leptinausstoß blockiert (vgl. Grimm, 2015, S. 160). Da dieses Hormon für das Sättigungsgefühl verantwortlich ist, kann Insulin für übermäßige Nahrungsaufnahme und eine dadurch resultierende Gewichtszunahme führen. So sollten längere Pausen zwischen den Mahlzeiten eingehalten werden, sodass der Insulinspiegel wieder absinken kann, dies macht möglich, dass sich die Leptinproduktion normalisieren kann.

Manche Süßstoffe lösen einen Insulinausstoß aus. Zwar steigt der Blutzuckerspiegel nicht an, jedoch kann sich dieser Effekt dadurch erklären lassen, dass der süße Geschmack, der im Mund wahrgenommen wird, zu einer Insulinproduktion führen kann. Der Körper macht sich für eine große Menge Zucker bereit, die er mit entsprechenden Mengen Insulin abbauen muss (vgl. ebd., S. 104).

Das Süßungsmittel Sucralose lässt den Insulinspiegel nachweislich am stärksten ansteigen, obwohl es dem Körper keine Energie liefert (vgl. Diabetes-Deutschland, 2013). Dieser Stoff wird beispielsweise im Energydrink „Red Bull Zero Calories" von der Red Bull GmbH eingesetzt. Laut der firmeneigenen Internetseite ist Red Bull Zero Calories „ideal für Menschen, die auf ihren Zucker- und Kalorienkonsum achten und einen Energieschub brauchen" (Red Bull GmbH, o.J.). Die Aussage ist berechtigt, da der Zucker- und Kaloriengehalt der „Zero Calories"-Variante weitaus geringer ist, als bei einem herkömmlichen mit Zucker gesüßten Energy Drink. Jedoch lässt sich annehmen, dass viele Personen, die „auf ihren Zucker- und Kalorienkonsum achten" einen mehr oder weniger großen Wert auf ihre Gewichtskontrolle legen. Da Sucralose jedoch einen Insulinausstoß bewirkt, was für die Einlagerung von Fett verantwortlich ist, kann der Konsum dieses Getränks, besonders zwischen den Mahlzeiten, zu einem gegenteiligen oder geminderten Effekt führen.

4.1.2 Heißhungerattacken

Außerdem führen Süßstoffe, besonders in Kombination mit künstlichen Aromen, oft zu Heißhungerattacken. Dies lässt sich logisch erklären: Die Süßrezeptoren der menschlichen Zunge werden beim Verzehr von beispielsweise einer Light-

Limonade stimuliert, sodass dem Gehirn eine Portion Zucker angekündigt wird – da diese nicht ankommt, gerät das Gehirn in Verwirrung. Je häufiger Süßstoffe konsumiert werden, desto größer wird diese „Nährstoffkrise" und das Gehirn gibt dem Körper den Befehl, mehr Nahrung aufzunehmen um die Nährstoffkrise zu überwinden (vgl. Dommel, Hollen, & Ritgen, 2011).

Bei einer Studie, in der eine Gruppe von Ratten mit Süßstoffen gefüttert wurden und eine andere mit Zucker, kam ein schlechtes Ergebnis für Süßstoffe in Bezug auf das Übergewicht heraus: Die Süßstoffratten nahmen mehr zu als die Zuckerraten (vgl. Grimm, 2015, S. 103). Womöglich haben die Süßstoffe bei den Ratten Heißhunger ausgelöst, sodass Sie mehr von dem zugänglichen Futter verzehrten.

4.2 Entstehung von Krankheiten

Der Genuss von süßen Lebensmitteln ist insgesamt als für die Gesundheit problematisch anzusehen. Herkömmlicher Zucker ist mitverantwortlich für die momentane Adipositas-Epidemie, er erhöht die Gefahr für Krankheiten wie Diabetes und Alzheimer, verringert die Konzentration und Aufmerksamkeit nicht nur bei Kindern, sorgt für Zahnschäden, Herz-Kreislauf-Krankheiten und verstärkt das Krebswachstum. So ist der Gedanke, den schädlichen Zucker durch andere Substanzen zwar positiv, jedoch nicht gewinnbringend, wenn die Ersatzstoffe zu ähnlichen Nebenwirkungen führen. (vgl. Grimm, 2013, S. 40).

Ein wichtiges Einsatzgebiet der Süßstoffe sind süße Getränke und Limonaden, die aufgrund des hohen Zuckergehaltes in ihrer herkömmlichen Variante viele Käufer nicht mehr ansprechen. Daher existieren schon viele „light" –Varianten, die mit einem extrem niedrigen Kaloriengehalt werben. Eine Studie ergab jedoch, dass es kaum einen Unterschied der gesundheitlichen Folgen zwischen der zuckrigen Normalvariante und dem süßstoffhaltigen Getränk gibt: wer mindestens einmal am Tag ein Getränk mit Süßstoff trink, hat dieselben Risiken für Herzerkrankungen, Bluthochdruck, hohen Blutzuckerspiegel, schlechte Blutfettwerte und im Endeffekt auch für Übergewicht wie diejenigen, die die zuckergesüßte Variante trinken (vgl. Grimm, 2015, S. 104)

4.2.1 Süßstoffe und Krebs

Der Süßstoff Saccharin, der auch als E954 auf den Etiketten aufscheinen kann, steht stark im Verdacht, krebsfördernd zu wirken. Bereits in den 1960er und

1970er Jahren wurden bei mehreren Tierversuchen krebserregende Wirkungen festgestellt, sodass es bis zu einem Verbot des Süßstoffes in Kanada und einem verpflichtenden Warnhinweis in den USA kam. Jedoch wurde diese Vorschrift Ende der 1990er Jahre aufgehoben, da die Lebensmittelindustrie auf neuere Studien hinwies, die die Krebsgefahr für Menschen relativierten (vgl. Grimm, 2013, S. 41). Zu diesen Studien liegen der Verfasserin keine genauen Daten vor, jedoch stellten die Warnhinweise und Negativschlagzeilen der Süßstoffe für die Lebensmittelindustrie bestimmt ein umsatzminderndes Problem dar, weswegen sich vermuten lässt, dass die Lobbyisten ihre Studien nicht objektiv ausgeführt und betrachtet, sondern eher zu ihren Gunsten ausgerichtet, wenn nicht sogar manipuliert, haben.

4.2.2 Süßstoffe und Diabetes

Ironischerweise können auch Süßstoffe ein Auslöser für die Zuckerkrankheit sein. Die negative Beeinflussung des Zuckerstoffwechsels wird durch eine durch die Süßstoffe beeinträchtigte Darmflora hervorgerufen. Ohnehin bekannt ist, dass ein Ungleichgewicht zwischen den Bakterien in der Darmflora das Risiko für Stoffwechselerkrankungen erhöht – dazu gehören beispielsweise Adipositas und Diabetes Typ 2. Die Darmbakterien reagieren auf Süßstoffe, in dem sie schädliche Wirkstoffe produzieren, die die Regulation des Blutzuckerspiegels erschweren. Dies wurde nicht nur mit Tierversuchen sondern auch anhand von Experimenten mit Menschen, die normalerweise keine Süßstoffe konsumierten, bewiesen: bereits nach vier Tagen erhöhte sich bei den Testpersonen der Blutzuckerspiegel und gleichzeitig veränderte sich die Darmflora negativ (vgl. Czichos, 2014). Die langfristigen Folgen davon sind Stoffwechselerkrankungen und Übergewicht.

Süßstoffe wurden besonders in ihren ersten Vermarktungsjahren als Zucker-Alternative für Diabetiker angepriesen. Inzwischen ist diese Möglichkeit durch den nachgewiesenen Blutzucker- und Insulinanstieg der Süßstoffe wiederlegt.

4.3 Süßstoffe und Übergewicht

Oft dienen Tierversuche als Indikator dafür, ob ein Süßstoff oder eine andere Substanz für den Menschen ein potenzielles gesundheitliches Risiko darstellt. Im Umkehrschluss wird dieser Gedanke jedoch nicht analog ausgeführt: in der Masttierhaltung werden Süßstoffe verabreicht, da sie appetitfördernd wirken und eventuell sogar die Gesamtkalorienaufnahme erhöhen. So garantiert der Einsatz bestimmter Futtermittel eine rasche und kontrollierte Gewichtszunahme der Masttiere (vgl. Grimm, 2013, S. 42). Dass diese Wirkung nicht nur beim Tier sondern auch beim Menschen eintreten kann, wird jedoch kaum kommuniziert. Einerseits kann die Gewöhnung an die permanente und intensive Süße den Geschmackssinn insofern beeinflussen, dass immer süßere Speisen verlangt werden. Wenn diese dann viel Zucker enthalten oder sehr energiereich sind, führt man eine große Menge Kalorien zu.

Die erwähnten Veränderungen der Energieaufnahme durch die Darmflora sowie die Insulinwirksamkeit und die Heißhungerattacken nach dem Süßstoffkonsum sind kontraproduktiv im Sinne der Gewichtsreduktion: stattdessen begünstigen diese Faktoren die Gewichtszunahme.

Doch auch wenn die Süßstoffe keinen Einfluss auf die Energieaufnahme und den Appetit des Menschen hätten, wären sie wahrscheinlich nicht als einziges Mittel zur Gewichtsreduktion geeignet. Beispielsweise spart man beim Ersatz von einem Glas à 250ml „Coca Cola“ mit Zucker durch „Coca Cola Zero“ mit Süßstoffen nur knapp über 100 Kalorien. Diese Menge alleine fällt kaum ins Gewicht und kann höchstens über längeren Zeitraum eine gewichtsverändernde Wirkung erzielen. Die Hauptinstrumente einer erfolgreichen, langfristigen Gewichtsabnahme sind Bewegung und eine überwiegend gesunde Ernährung. Diese ist nicht von einem einzigen Produkt, sondern der Gesamtheit der Ernährungsgewohnheiten abhängig.

4.4 Positive Aspekte der Süßstoffe

Der Haupt-Legitimationsgrund von Süßstoffen ist der Energiegehalt: während Zucker etwa 4 Kalorien je Gramm aufweist, sind Süßstoffe grundsätzlich energieärmer oder sogar energielos. So sollen sie als Ersatz von Zucker und als Hilfe zur Kalorienreduktion bei einer Gewichtsabnahme dienen. In den Punkten 4.3 sowie 5. Werden Kontroversen zu dieser Theorie aufgezeigt.

Bewahrheitet hat sich jedoch die Tatsache, dass Süßstoffe im Gegensatz zum herkömmlichen Zucker die Zähne nicht schädigen. So werden sie schon seit Jahren in Kaugummis und Bonbons als „zahnfreundliche“ Alternative eingesetzt. Da die Verursachung von Karies eines der größten gesundheitlichen Probleme des Zuckerkonsums ist, sind Süßstoffe in diesem Punkt die bessere Wahl (vgl. Bundesministerium für Ernährung und Landwirtschaft, 2015, S. 7).

5. Kontroversen

Nahrungsmittelzusatzstoffe werden vor ihrer Zulassung mehrfach überprüft und getestet; so auch die elf in der Europäischen Union zugelassenen Süßstoffe. Die Europäische Behörde für Lebensmittelsicherheit (EFSA) ist für diese Kontrollen zuständig, weswegen der „Deutsche Süßstoffverband" Sicherheit und Qualität verspricht und keine Nebenwirkungen und negative Einflüsse beschreibt. Die Aufklärung findet sich in der Liste der Sponsoren des Verbandes: vertreten sind Süßstoffhersteller wie Kandisin, natreen und HUXOL, die Coca Cola GmbH, die in Produkten wie „Cola Light" und „Coca Cola Zero" aber auch kalorienreduzierten Varianten von „Fanta", „Sprite", „mezzomix" und „Nestea" von Süßstoffen Gebrauch macht, die Firma Krüger, die unter anderem kalorienreduzierte Teegetränke produziert sowie die Firma Teekanne, die zum Beispiel süße Tees mit Steviosiden anbietet (vgl. Deutscher Süßstoffverband, o.J.).

Die Österreichische Gesellschaft für Ernährung (ÖGE) ist laut Website ein unabhängiger Verein, der mehr als 1000 Mitglieder hat. Etwa 15% davon sind öffentliche und private Institutionen, Wirtschaftsverbände und Firmen. Eine Liste der Mitglieder ist zwar nicht zu finden, jedoch ist nicht auszuschließen, dass süßstoffvertreibende Firmen beteiligt sind und Einfluss auf die Publikationen haben. (vgl. ÖGE, o.J.). Auf ihrer Website erwähnt die ÖGE keine der negativen Auswirkungen von Süßstoffen. Es wird richtigerweise verdeutlicht, dass der Umstieg von beispielsweise zuckergesüßten auf süßstoffgesüßte Getränke nicht der Schlüssel zum erfolgreichen Gewichtsmanagement sein kann. Auch speziell für Diabetikeskranke wird keine dezidierte Empfehlung gegen Süßstoffe ausgesprochen, jedoch wird auch nicht zu deren Verzehr geraten (vgl. ÖGE, 2014). Insgesamt entsteht ein neutraler Eindruck gegenüber der Süßstoffe. Es stellt sich die Frage, warum hier keine negativen Aspekte aufgelistet werden.

Auch die Deutsche Gesellschaft für Ernährung (DGE) bezieht in mehreren Presseinformationen Stellung zu den vieldiskutierten Süßstoffen. So trägt eine Publikation vom 8.August 2007 den Titel „Süßstoffe – süß und sicher". In diesem Artikel werden diese beiden Vorteile von Süßstoffen betont: sie sind (beinahe) kalorienfrei und haben eine vielfach höhere Süßkraft als der herkömmliche Haushaltszucker. Antje Gahl, die Pressesprecherin der DGE nennt den Verzehr von Süßstoffen eine gute Alternative für Personen, die abnehmen oder

Übergewicht vermeiden möchten. Auch wird die mehrmalige Überprüfung der Süßstoffe erwähnt, die von internationalen Expertengremien durchgeführt werden und bislang keine unerwünschten Nebenwirkungen der Süßstoffe bestätigen konnten (vgl. DGE, 2007a).

Unter den digitalen Fachinformationen der DGE findet man einen weiteren Artikel über Süßstoffe in der Ernährung. Dort werden sie als sinnvolle Hilfsmittel für eine Gewichtsreduktion bezeichnet. Wiederum werden unerwünschte gesundheitliche Nebenwirkungen ausgeschlossen, ausgenommen eines erhöhten Blasenkrebsrisikos bei starkem Süßstoffkonsum (vgl. DGE, 2007b).

Zum Thema Körpergewichtsregulation im Zusammenhang mit Süßstoffen bezieht die DGE ebenfalls Stellung. Es werden Studien beschrieben, bei denen vermehrte Hungergefühle nach dem Süßstoffkonsum festgestellt wurden. Die DGE folgert, dass die durch den Verzicht auf Zucker eingesparten Kalorien begründet werden. So käme es zu einer „Energiekompensation" – die durch den Süßstoffkonsum gesparten Kalorien würden später durch erhöhte Hungergefühle wieder ausgeglichen werden. Insgesamt würde so durch die Süßstoffe zwar keine Energie gespart, jedoch wird das gesteigerte Hungergefühl in anderen Experimenten widerlegt, weswegen keine genauen wissenschaftlichen Aussagen getroffen werden können (vgl. DGE, 2007b). So deutet die DGE zwar an, dass die wissenschaftliche Lage teils unklar ist und die Sinnhaftigkeit des Süßstoffeinsatzes für eine Gewichtsreduktion nicht klar erwiesen ist.

Die nationalen Ernährungsgesellschaften klammern negative gesundheitliche Auswirkungen der Süßstoffe gänzlich aus. Die ÖGE stuft Süßstoffe als bedenkenlos ein und hält sich sehr neutral. Die DGE empfiehlt Süßstoffe für die Gewichtsreduktion, wobei mehrere Studien, die diesen Effekt relativieren zumindest aufgelistet werden. Insgesamt entsteht ein neutraler und zumindest nicht negativer Eindruck von den Süßstoffen. Da viele Studien jedoch auf klare gesundheitliche Probleme infolge des Süßstoffverzehrs hinweisen, stellt sich die Frage, warum diese Institutionen, die als primäre Ansprechpartner in Ernährungsfragen dienen sollten, diese Aspekte vollständig ignorieren. Für mich entsteht der Verdacht, dass die Beteiligung von stillen Sponsoren, die von einer süßstoffkonsumierenden Gesellschaft wirtschaftlich profitieren, die Publikationen zu diesem Thema beeinträchtigen. Jedenfalls ist fraglich, ob den Gesellschaften für Ernährung bei diesem Thema weiterhin kritiklos vertraut werden sollte.

6. Zusammenfassung

Die elf in der EU zugelassenen Süßstoffe werden bewusst oder unbewusst konsumiert – jedoch hauptsächlich um den Zuckerkonsum zu reduzieren und eventuell eine gewichtsregulierende Wirkung zu erreichen oder die gesundheitsschädlichen Folgen des Zuckers zu vermeiden.

Während Pilotinnen und Piloten über Schwindelanfälle infolge des Aspartamkonsums klagen, können Menschen mit einer Phenylketonurie körperliche und geistige Schäden durch denselben Süßstoff erleiden.

Die Insulinwirksamkeit von Süßstoffen spielt eine zentrale Rolle in der Gewichtsreduktion: da das Insulin für den Aufbau von Körpersubstanz sorgt, verhindert ein ständig hoher Insulinspiegel die Gewichtsabnahme deutlich. Jedoch nicht nur die Fettdepots werden durch das Insulin vergrößert, sondern auch Krebszellen wachsen. Insulin sorgt zudem für Unfruchtbarkeit und drosselt den Ausstoß von Leptin, das als sogenanntes „Sättigungshormon" eine zentrale Rolle in der Gewichtskontrolle spielt. Der süße Geschmack der Stoffe sorgt vermutlich für eine Insulinproduktion, wobei dieser Effekt nicht allen Süßstoffen nachzuweisen ist. Der Süßstoff Sucralose ist jedoch am stärksten insulinwirksam und löst daher die oben genannten Folgen aus.

Auch sorgt das Ausbleiben des Zuckerschubes, der durch den süßen Geschmack angekündigt wird, dafür, dass der Körper eine sogenannte „Nährstoffkrise" durchlebt: er erhält nicht die Energie, die er erwartet und verlangt dadurch nach viel größeren Mengen an Nahrung, was sich in verstärktem Hungergefühl und Heißhunger äußert.

Zudem wird angenommen, dass Zucker und Süßstoffe dieselben Risiken für Bluthochdruck, Herzerkrankungen, hohen Blutzuckerspiegel, schlechte Blutfettwerte und Adipositas bergen. Aufgrund der teilweise belegten Insulinwirksamkeit, die für Krebswachstum sorgt und der selbständigen vermuteten Krebsgefahr durch Süßstoffe wie Saccharin und Cyclamat, können Süßstoffe in direkten Zusammenhang mit Krebserkrankungen gebracht werden.

Stoffwechselerkrankungen wie Diabetes und Adipositas basieren zum Teil auf einem Ungleichgewicht der Darmbakterien sowie auf einem hohen Blutzuckerspiegel. Beides kann durch Süßstoffkonsum ausgelöst werden.

Besonders in Bezug auf die Gewichtskontrolle können Süßstoffe negative Auswirkungen haben: in Tierversuchen haben die Süßstoffratten mehr zugenommen als die Zuckerratten und in der Masttierhaltung sichern Süßstoffe eine rasche Gewichtszunahme. Die veränderte Darmflora, der erhöhte Insulinspiegel und das erhöhte Hungergefühl begünstigen das Übergewicht.

Als positive Aspekte der Süßstoffe werden der geringere Energiegehalt genannt, der durch oben genannte Ergebnisse relativiert wird. Ein Vorteil der Süßstoffe im Vergleich zu Zucker ist, dass sie die Zähne nicht schädigen.

Süßstoffe werden jedoch sehr kontrovers diskutiert und zum Teil existieren Studien mit gegenteiligen Ergebnissen. Eventuell sorgen Lobbyisten und Sponsoren aus der Lebensmittelindustrie dafür, dass Studienergebnisse zu ihren Gunsten ausfallen. Viele Studien werden fremdfinanziert und logischerweise möchte eine süßstoffvertreibende Firma, dass eine Studie publik wird, die die negativen Effekte der Süßstoff verharmlost. Auch die nationalen Gesellschaften für Ernährung in Deutschland und Österreich beziehen eine sehr neutrale Stellung zur Süßstoffproblematik.

Literaturverzeichnis

Bundesministerium für Ernährung und Landwirtschaft. (3. 2015). *"Man kann sich leicht an weniger süß gewöhnen". KOMPASS ERNÄHRUNG*, S. 7.

Czichos, J. (18. 9 2014). *Süßstoff lässt Blutzuckerspiegel steigen.* Von Wissenschaft aktuell: https://www.wissenschaft-aktuell.de/artikel/Suessstoff_laesst_Blutzuckerspiegel_steigen1771015589650.html abgerufen 18.11.2017

Deutscher Süssstoffverband. (o.J.). *Drei Wege zum süßen Geschmack: Süßstoff - Zuckeraustauschstoffe - Zucker.* Von http://www.suessstoff-verband.de/suessstoffe/ abgerufen 16.11.2017

DGE. (08 2007a). *Süßstoffe - süß und sicher.* Von DGE: http://www.dge.de/presse/pm/suessstoffe-suess-und-sicher/ abgerufen 17.11.2017

DGE. (04 2007b). *Süßstoffe in der Ernährung.* Von DGE: http://www.dge.de/wissenschaft/weitere-publikationen/fachinformationen/suessstoffe-in-der-ernaehrung/ abgerufen 17.11.2017

ÖGE. (2014). *Süßstoffe.* Von ÖGE: http://www.oege.at/index.php/bildung-information/ernaehrung-von-a-z/1784-suessstoffe abgerufen 17.11.2017

Diabetes-Deutschland. (13. 11 2013). *Künstliche Süßstoffe erhöhen Blutzucker- und Insulinspiegel.* Von Diabetes-Deutschland: http://www.diabetes-deutschland.de/news372.html abgerufen 18.11.2017

Dommel, M., Hollen, A. v., & Ritgen, C. (6 2011). *Die süße Illusion.* Von Zeit Online: http://www.zeit.de/zeit-wissen/2011/06/Gesundheit-Zucker/seite-2 abgerufen 17.11.2017

Grimm, H.-U. (2013). *Chemie im Essen - Nahrungsmittel-Zusatzstoffe. Wie sie wirken, warum sie schaden.* München: Knaur Taschenbuch Verlag.

Grimm, H.-U. (2015). *Die Kalorienlüge - wie uns die Nahrungsindustrie dick macht.* München: KNAUR Taschenbuch Verlag.

Gründig, F., & Juffa, K. (2010). *Lebensmittel für eine besondere Ernährung und Nahrungsergänzungsmittel.* In W. Frede, *Handbuch für Lebensmittelchemiker* (S. 825-866). Heidelberg: Springer Verlag.

Müller, S., & Schwarz, J. (2010). *Alles über Süßstoffe: von Aspartam über Cyclamat bis Stevia, Fruchtzucker und Zcker.* Norderstedt: GRIN Verlag GmbH.

ÖGE. (2014). *Süßstoffe.* Von ÖGE: http://www.oege.at/index.php/bildung-information/ernaehrung-von-a-z/1784-suessstoffe abgerufen 15.11.2017

Red Bull GmbH. (o.J.). *Red Bull Zero Calories Inhaltsstoffe.* Von http://energydrink-ch.redbull.com/de/red-bull-zero-calories-inhaltsstoffe abgerufen 15.11.2017

STATISTIK AUSTRIA. (28. 04 2017). *Versorgungsbilanz für Zucker 2010/11 bis 2015/16.* Von http://www.statistik.at/web_de/statistiken/wirtschaft/land_und_forstwirtschaft/preise_bilanzen/versorgungsbilanzen/022328.html abgerufen 15.11.2017